LES PHÉNOMÈNES DE NOTRE PLANÈTE,

LES LOIS QUI LA RÉGISSENT,

EXPLIQUÉS PAR LA

PRÉSENCE CONTINUELLE DE DEUX AGENS,

RECONNUS PRINCIPE DE LA MATIÈRE.

PAR AGATHON BRESSY.

PRIX : 3 F.

A PARIS,
LIBRAIRIE DE LEVRAULT, RUE DE LA HARPE, N. 81;
A LYON,
LIBRAIRIE DE LAURENT, PLACE ST-PIERRE.

1832.

LES
PHÉNOMÈNES
DE NOTRE PLANÈTE.

LYON, IMPRIMERIE DE PERRET,
RUE SAINT-DOMINIQUE, N. 13.

LES PHÉNOMÈNES DE NOTRE PLANÈTE,

LES LOIS QUI LA RÉGISSENT,

EXPLIQUÉS PAR LA

PRÉSENCE CONTINUELLE DE DEUX AGENS,

RECONNUS PRINCIPE DE LA MATIÈRE,

Par

Agathon Bressy.

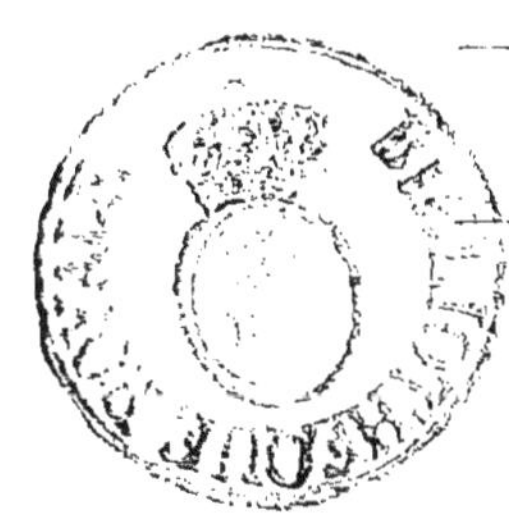

PRIX : 3 F.

A PARIS,

LIBRAIRIE DE LEVRAULT, RUE DE LA HARPE, N. 81;

A LYON,

LIBRAIRIE DE LAURENT, PLACE ST-PIERRE.

1832.

PRÉFACE.

Les phénomènes électriques qui apparaissent dans la nature et qui résultent des expériences physiques ont exercé la sagacité des savans, les causes qui les déterminent leur sont restées inconnues.

Depuis peu de temps on a reconnu la présence du fluide électrique dans presque tous les corps de la nature. L'usage de ce fluide, sa formation, la cause de la différence qui existe entre l'électricité résineuse et l'électricité vitrée sont ignorés, et de nombreuses recherches n'ont pu donner la solution de ce problême.

L'auteur de cet opuscule, croit être assez heureux pour avoir levé un coin du voile qui couvre cette partie de la physique, et qui est un grand obstacle aux progrès de cette science.

Si les idées qu'il publie à la hâte pouvaient donner lieu à des réflexions favorables aux sciences naturelles, si elles aidaient à des découvertes importantes, enfin, si l'auteur pouvait espérer de coopérer par une petite participation à la gloire de sa patrie, il aurait toute la récompense qu'il ambitionne.

PRÉFACE.

L'auteur a fort bien senti que cet ouvrage demandait plus de développement : il eut fallu alors un travail spécial, des instrumens pour des expériences que sa fortune ne lui permet pas de faire ; il laisse ce soin aux physiciens favorisés de Plutus. Si son système est faux, ils approuveront l'intention, et leur travail sera toujours utile, s'il est juste, quelque agrandissement et quelque précision qu'ils lui donnent, ils lui accorderont toujours le mérite de la découverte.

Introduction.

L'HOMME a été créé : l'Intelligence suprême a voulu qu'il fût en rapport avec les objets qui l'environnent; elle lui a donné des facultés que nous appelons sens. Ces facultés sont comme des sentinelles qui l'avertissent de ce qu'il doit fuir ou chercher, comme des juges qui lui font apprécier la qualité des êtres. Les sens sont la vue, l'ouïe, l'odorat, le goût et le tact; je ne m'étendrai pas sur leurs attributs connus de tout le monde, je m'attacherai seulement à émettre l'opinion que j'ai sur leur coïncidence.

Les sens n'en forment qu'un : le tact. Ma vue perçoit, parce que les rayons lumineux et les couleurs viennent toucher ma rétine ; mon oreille entend, parce que l'air frappé par les sons vient frapper la membrane du tympan; mon odorat est affecté par les odeurs, parce que les molécules aromatiques viennent toucher la membrane pituitaire; mon goût apprécie les saveurs, parce que les alimens que je mets dans ma bouche touchent la voûte palatinale. Il est donc prouvé évidemment que toutes les sensations que nous éprouvons se rapportent à un seul sens, avec cette différence que telle partie du corps est disposée de manière à ressentir une sensation d'une nature différente. Les sens ou le tact sont dus au système nerveux qui vient aboutir à la surface du corps ; qui part du cerveau, et qui s'étend dans tous les organes par différentes ramifications. Je laisserai aux anatomistes et aux métaphysiciens le soin d'établir la construction de l'appareil nerveux, sa connexion intime avec le cerveau, et son rapport direct avec les facultés intellectuelles. Si les sens sont dépravés, les facultés intellectuelles erreront, et si les facultés intellectuelles ne sont pas dans un état normal, les facultés des sens seront désordonnées : vérité évidente, et qui n'a pas besoin de démonstration.

Je passe à l'examen des corps et à leur rapport avec les sens.

J'appelle corps ou êtres tout ce qui a la propriété d'affecter mes sens. Tous les corps sont commensurables ou pondérables, c'est-à-dire qu'ils ont un volume et un poids ; ils jouissent tous de cinq propriétés. Ces propriétés sont : la faculté d'être vus, sentis, goûtés, touchés et de produire un son : facultés qui correspondent à nos sens.

Toutes les fois qu'un corps affecte un sens, il peut tous les affecter. On m'objectera sans doute : les gaz peuvent être vus et sentis, et ne peuvent ni produire un son, ni être touchés; une autre objection : une infinité de corps, le diamant, le cristal, par exemple, ne donnent ni saveur ni odeur. Une courte explication suffira pour corroborer les vérités que j'avance. Les corps gazeux sont très dilatés, leurs molécules sont excessivement déliées; elles n'affectent, par conséquent, que les membranes les plus délicates du corps, les plus sensibles, qui sont : la membrane pituitaire et la rétine; il n'en est pas moins constant que, si le tissu qui enveloppe les autres parties du corps était aussi sensible, nous reconnaîtrions la présence de ces corps au tact. Le gibier laisse échapper des émanations que le chien sent fort bien; elles ne frappent pas notre odorat, elles n'en existent pas moins. D'ailleurs si, par les moyens chimiques, nous pouvions concentrer les molécules, elles affecteraient tous nos sens, parce que ces corps, quoique ne changeant pas de nature, deviendraient plus solides. Quant aux corps durs, la construction de leurs molécules, la force avec laquelle elles sont attachées les unes aux autres, les empêchent de s'échapper; mais, lorsque nous parvenons à vaincre cette force de cohésion, leurs molécules viennent affecter notre goût et notre odorat.

LES

PHÉNOMÈNES

DE NOTRE PLANÈTE.

CHAPITRE PREMIER.

DE L'AGENT PLASTIQUE OU DE LA PLASTICITÉ [1].

L'INTELLIGENCE suprême a créé les êtres, elle a distingué des espèces. Elle a donc dû s'assurer d'un moyen pour établir l'individualité, et donner la faculté à un être de procréer un descendant avec toutes les formes et qualités qui caractérisent son espèce. Elle a placé dans les êtres procréés un germe qui se transmet perpétuellement d'ascendans à descendans, prévoyance sans bornes, et qui décèle un ouvrier d'un génie immense.

Ce germe s'appelle plasticité; il constitue l'existence sans établir la vie proprement dite; les graines, les œufs, les embryons possèdent le principe plastique sans avoir encore la vie.

1 Idée extraite du Catéchisme de physique sacrée, publié par M. le docteur J. Bressy, en 1824.

CHAPITRE II.

DU SOLEIL.

Le soleil est la source de toute production et conservation : je n'entrerai pas dans des détails astronomiques qui seraient superflus ici, je ne démontrerai que son action sur la matière.

De son disque s'échappent continuellement des rayons qui sont sa propre substance; ces rayons servent à la décomposition et à la reproduction de la matière : bien entendu que je ne veux démontrer que des phénomènes qui se passent sous nos yeux, que je n'abandonnerai pas notre planète, et que je laisserai aux grands génies le soin d'expliquer la révolution des astres et l'action du soleil sur les planètes qui l'environnent.

Les rayons solaires arrivent jusqu'à nous, ils constituent la lumière; ils sont composés de deux agens : l'électricité ou froid, le calorique ou chaleur; réunis, ils forment la lumière; séparés, ils concourent à la formation de la matière. L'électricité possède la force concentrante ou d'agglomération : le calorique possède la force dilatante ou d'émanation : le combat continuel de ces deux forces établit les phénomènes qui se passent sous nos yeux. Le calorique est la source de tout mouvement, et l'électricité est le repos et l'inertie.

CHAPITRE III.

LES CORPS OU ÊTRES.

J'appelle corps ou êtres toutes les divisions de la matière, sous quelques formes qu'elles soient : soit minérales, animales ou végétales. Je divise les corps en deux classes : les corps électriques ou froids, les corps calorifères ou chauds; les corps électriques sont ordinairement froids, compacts, transparens, lourds, susceptibles de poli résistant au calorique; les corps calorifères sont poreux, légers, obscurs, inflammables; les corps minéraux constituent la terre et son être, les végétaux croissent à sa surface, les animaux parcourent sa surface; les minéraux sont presque tous électriques, les végétaux sont presque tous calorifères; les animaux sont plus électriques que calorifères.

CHAPITRE IV.

DES RAYONS SOLAIRES.

Les rayons solaires s'échappent du soleil, parcourent l'espace, traversent les couches atmosphériques, arrivent jusqu'à nous, et sont jusqu'alors la lumière; en contact avec les corps terrestres, ils se décomposent. La terre qui a un grand besoin d'électricité ou de froid pour conserver sa force concentrante, s'empare d'une partie de l'électricité. Le calorique reste à sa surface, et ce n'est qu'avec beaucoup de peine qu'il parvient à s'introduire dans son sein sans le concours des phénomènes chimiques. La terre entièrement composée de corps solides, et par conséquent fortement agglomérée, ne pourrait, sans le secours de l'électricité, opposer une résistance assez forte au calorique qui cherche continuellement à diviser; cependant comme suivant l'ordre établi dans la nature, il doit sortir continuellement de son sein des productions qui existent à sa surface, il a fallu un agent pour vaincre sa résistance, et obliger le développement et la création des êtres. Les minéraux ont un accroissement et une durée qui leur est particulière; il ne peut y avoir d'accroissement sans dilatation, et de dilatation sans calorique.

L'Intelligence suprême a dû s'assurer d'un moyen pour faire parvenir le calorique dans son sein, et déterminer par cela même l'accroissement des minéraux; elle a donc créé un agent: cet agent c'est l'eau.

L'eau est un corps quelquefois solide, toujours doué de beaucoup d'électricité; devant par sa nature parcourir la terre, être divisée, volatilisée, une grande quantité de calorique lui est nécessaire pour se maintenir dans son état de fluidité; lorsque les rayons du soleil tombent perpendiculairement sur elle, elle prend beaucoup d'électricité pour conserver son état d'agglomération, et de calorique pour rester fluide; ce calorique divise tellement ses molécules qu'elles ne trouvent pas de résistance, par leur légèreté dans l'air atmosphérique; elles s'élèvent dans les régions supérieures, forment les nuages, et tombent ensuite en pluie; différens phénomènes que nous expliquerons dans des chapitres particuliers.

Lorsque les rayons la frappent obliquement, elle ne peut s'emparer que d'une faible portion de calorique; alors la terre qui, comme nous l'avons dit, est par sa nature chargée d'électricité, lui oppose sa force concentrante, et lui fait perdre sa fluidité. Il est donc constant que, dans son état de fluidité, elle est fortement chargée de calorique; pénétrante par sa nature, elle traverse les couches minérales, va porter le calorique dans les entrailles de la terre; ce calorique dilate les différens corps qu'il rencontre, produit par ce moyen l'accroissement des minéraux, et, chose merveilleuse, l'électricité restée à nue par cette décomposition, modère encore la force du calorique, et oppose une résistance nécessaire à l'action trop violente de ce dernier agent.

Nous avons dit que, lorsque les rayons solaires arrivent sur notre planète, les corps solides s'emparent de l'électricité; nous avons indiqué un des moyens qu'emploie la nature pour faire pénétrer le calorique dans les entrailles de la terre et pour produire la minéralisation, reste à expliquer maintenant les phénomènes de la végétation.

CHAPITRE V.

DE LA VÉGÉTATION.

Le calorique, resté à nu par la décomposition des rayons solaires et par la grande quantité d'électricité qu'ont soutirée les corps solides, sert en partie à la composition de l'air, comme je l'expliquerai dans le cours de cet ouvrage.

Les graines des végétaux contiennent du calorique; elles sont munies, comme nous l'avons dit plus haut, du germe ou plasticité; elles tombent sur le sol avec les débris des végétaux qui les portaient; elles ne tardent pas à être recouvertes de terre, la terre étant chargée d'électricité cherche à leur donner cette propriété; elle est obligée, pour y parvenir, de vaincre l'action du calorique: le calorique s'échappe, et enlève avec lui le germe plastique qui était dans la terre. Cette dilatation est encore favorisée par le calorique contenu dans les débris des végétaux; comme ce développement serait quelquefois trop rapide, la nature a placé un agent pour s'opposer à la violence et à la trop grande influence du calorique : cet agent c'est l'eau; il apporte son électricité, et vient doucement modérer la dilatation du végétal. Sorti du sein de la terre, l'air atmosphérique presqu'entièrement composé de calorique, excite son accroissement; les rayons lumineux, avant d'être décomposés, le colorent, et l'eau est toujours là pour modérer par son influence la trop grande action du calorique.

Dans la culture, on se sert des débris des végétaux et des animaux pour favoriser la végétation. Ces substances, que l'on désigne sous le nom de fumier, sont éminemment chargées de calorique; on les enfouit dans le sein de la terre, elles entourent les graines : la terre par sa force concentrante oblige le calorique à se dégager, et ce calorique aide à la dilatation des plantes, par conséquent à leur accroissement. Lorsque, par de faux calculs ou l'impéritie du cultivateur, la quantité de fumier est trop grande, la force du calorique est violente, la force électrique n'a pas assez de pouvoir, et le végétal périt.

Nous avons dit que l'air atmosphérique était presqu'entièrement composé de calorique, c'est une condition nécessaire pour l'existence des êtres qui vivent à la surface de la terre : leur accroissement ne s'opère que par son action. Nous allons passer aux lois qui gouvernent le règne animal.

CHAPITRE VI.

DES ANIMAUX.

Les animaux sont composés de parties molles et solides, leur accroissement s'opère par l'air atmosphérique; une grande quantité de ce fluide est introduite dans une partie du corps : ce fluide concourt à la formation du sang; ce sang chargé de calorique parcourt le corps, donne le mouvement et par conséquent la vie. Il fallait pour balancer la force du calorique, établir une force électrique qui s'opposât à l'action dilatante, et c'est encore par le moyen de l'eau que ces deux forces sont balancées. Les différentes parties du corps des animaux à sang chaud sont excessivement électriques : aussi, à peine le foyer du calorique a-t-il cessé ses fonctions, à peine le sang a-t-il cessé de parcourir les différentes parties du corps, que le cadavre est excessivement froid, rigide et incapable de mouvement; lorsque, par l'effet d'une altération dans les organes, le sang cesse sa circulation par gradation, les extrémités sont glaciales lorsqu'encore le centre est brûlant.

Cette force électrique est de toute nécessité pour solidifier les alimens qui sont introduits dans le corps sous une forme demi liquide; comment ces alimens, avec la force de calorique qui s'y trouve, auraient-ils pu, sans le secours de l'électricité, prendre la compacité des os, et la force énorme des muscles des cartillages et des nerfs ? Il est inutile maintenant d'expliquer pourquoi les corps animaux ont besoin de liquide pour exister : il est tout naturel que n'étant pas placés comme les végétaux ou les minéraux dans un centre d'électricité, et ayant intérieurement un foyer de chaleur, l'intelligence suprême a dû leur donner un moyen pour conserver leur force concentrante; les oiseaux dans l'œuf sont entourés d'électricité par l'eau qui y est contenue, le germe doit son développement au calorique apporté par l'incubation, ou par le soleil dans certains momens; l'embryon dans le sein de sa mère est dans la même position : le calorique agit dans le premier cas par communication indirecte ; dans le second, par les vaisseaux sanguins, et, par conséquent, par communication directe.

CHAPITRE VII.

DE LA FERMENTATION.

Jusqu'à présent, les explications qu'on a données relativement à ce phénomène sont peu satisfaisantes, et je crois déja en avoir donné les causes dans le peu de mots que j'ai dits relativement à la végétation.

Si l'électricité, comme nous l'avons dit, constitue presqu'entièrement les corps solides, il est tout naturel que le calorique, possédant la force dilatante, concourt à la formation des corps liquides et des gaz; car il est évident que plus un corps a les molécules dilatées, plus il est léger, plus il doit contenir de calorique. Les gaz sont donc du calorique. On trouvera peut-être extraordinaire que je forme tous les corps de la nature avec du calorique et l'électricité; les chimistes modernes forment les corps avec de l'oxigène, de l'hydrogène, du carbone et de l'azote : la différence de quantité, suivant eux, établit seule les nuances de saveur, de solidité, de légèreté, etc., etc.; il n'est pas plus extraordinaire de former les corps par le moyen de deux agens; la nature et l'évidence le prouvent : quand je ne pourrais pas m'étayer par des argumens aussi concluans, les probabilités seraient aussi fortes : il n'est pas difficile de croire que l'intelligence suprême a donné, pour créer les corps terrestres, deux agens au lieu de quatre; il me semble, au contraire, que la simplicité des moyens devant être de son ressort, l'avantage est encore de mon côté. Je dirai donc que le calorique et l'électricité, proportionnés de différentes manières, constituent les différentes formes de la matière : ne voulant pas néanmoins révoquer en doute les découvertes chimiques, je pense que réellement les corps de la nature doivent leurs différentes formes aux différentes proportions d'oxigène, d'hydrogène, d'azote et de carbone, mais que ces quatre corps doivent leur existence aux différentes proportions d'électricité et de calorique.

Cette explication était nécessaire pour bien faire concevoir les phénomènes de la fermentation.

Les animaux, surtout les végétaux, sont doués d'une grande quantité de calorique ; ce calorique constitue ordinairement les gaz. Lorsque des substances végétales ou animales sont renfermées dans des corps électriques, l'électricité cherche à leur donner sa propriété concentrante; alors le calorique, pressé de toute part, est obligé de céder à une force supérieure et de s'échapper. Nous prendrons pour exemple la fermentation vineuse : des raisins sont écrasés, ils contiennent beaucoup d'eau; cette eau, comme nous l'avons dit, contient beaucoup d'électricité ; le raisin, par sa nature, contient du calorique, et ce calorique, d'après les lois que lui a imposées l'Intelligence suprême, a formé du gaz que nous appelons acide carbonique ; l'électricité cherche à donner sa force concentrante, alors le gaz forcé de céder, s'échappe, forme ces globules et ce bouillonnement que nous voyons à la surface du liquide, et que nous avons appelé fermentation. Lorsque la fermentation est achevée, c'est-à-dire lorsque l'électricité a fait sortir d'une manière prompte et violente tout l'excès du calorique, nous avons une liqueur que nous appelons vin. Il ne faut pas croire que l'action de l'électricité ait cessé; si l'électricité n'avait pas assez de force à opposer au calorique, le calorique lui ferait sentir son influence, et tout le liquide serait volatilisé. Le vin exposé à l'air libre laisse encore échapper des parties calorifères. Si l'art n'avait pas trouvé le moyen de s'opposer à cette émanation, toutes les parties calorifères s'échapperaient; la liqueur en étant privée serait sans force, en dernier résultat, l'évaporation serait complète et il ne resterait que les parties éminemment électriques qui se critalliseraient. Il ne serait presque pas nécessaire d'expliquer la formation de l'alcool : lorsque la fermentation est achevée, la liqueur est renfermée dans des vases hermétiquement bouchés; si l'on n'a pas donné à l'électricité le temps de faire dégager assez de calorique, le vase en est brisé quelquefois. Par cette compression il est resté dans le liquide une assez forte quantité de calorique, et ce calorique constitue l'alcool.

Lorsque des substances végétales sont entassées les unes sur les autres, et qu'elles contiennent une trop grande quantité d'eau, l'électricité contenue dans ce corps agit suivant sa nature, c'est-à-dire, qu'elle cherche à concentrer, et cette concentration fait échapper des végétaux la grande quantité de gaz dont ils sont composés; ces gaz, comme nous l'avons dit, sont composés de beaucoup de calorique; ce calorique accumulé (phénomène qui s'explique par la loi des affinités) s'enflamme, embrase les végétaux, et de là ces ignitions spontanées que nous voyons dans nos campagnes, lorsque le laboureur imprudent a mis en tas, qu'on appelle meule, du foin ou autres végétaux encore humides.

Il est clair que ces végétaux amenés à cet état de chaleur soutirent encore l'humidité contenue dans l'air, mais cette humidité se joint à celle qui oppose sa force à celle du calorique, et qui se trouve dans les végétaux; le calorique de l'air qui reste à nu par la privation de l'électricité qui lui a été enlevée, se joint encore au calorique contenu dans les végétaux, et favorise l'ignition.

Des cadavres ou des débris d'animaux et de végétaux sont enfouis; la terre, comme nous l'avons déja expliqué, oblige le calorique à sortir : alors, dans une nuit d'été, on voit s'élever au-dessus des cimetières des corps brillans et aériens, que nos ancêtres dans leur simplicité prenaient pour l'ame des trépassés ou pour des génies malfaisans, phénomènes qui viennent encore frapper d'épouvante le superstitieux habitant de nos campagnes, et servir quelquefois la cupidité de quelques jongleurs qui spéculent sur l'ignorance et la crédulité.

On doit voir par ce peu de mots que la végétation, la fermentation et la putréfaction sont des phénomènes identiques et produits par les mêmes causes. Avant de parler des autres phénomènes, il est nécessaire d'entrer dans quelques explications relatives à la machine électrique, et de comparer les phénomènes que l'art a su nous rendre palpables avec ceux que la nature opère tous les jours en grand.

CHAPITRE VIII.

DE LA MACHINE ÉLECTRIQUE.

La machine électrique est composée d'une roue de verre, corps éminemment électrique ; de quatre tampons qui sont placés sur ses deux surfaces, et qui doivent opérer par la rotation qu'on imprime a la roue un fort frottement. Le mouvement a pour propriété de déplacer les molécules des corps ; ce déplacement permet au calorique de s'interposer dans les molécules. Nous avons dit plus haut que le calorique était le principe du mouvement, il ne peut donc y avoir de mouvement sans calorique. Lorsque la roue est en action, le calorique contenu dans l'air atmosphérique et dans les rayons solaires, s'interpose dans les molécules qui forment la roue et les tampons, le calorique prenant la place de l'électricité la force à s'échapper, elle sort sous un aspect brillant et blanc. On a placé deux branches métalliques qui s'emparent de l'électricité, et, par des conducteurs toujours métalliques, on se rend maître du fluide, et on le dirige sur différens corps pour opérer les phénomènes qui ont mis l'esprit des savans à la torture. Lorsque l'on a chargé la machine électrique, il suffit de faire toucher un conducteur à la terre pour lui faire perdre toute son électricité, phénomène qui est expliqué d'une manière satisfaisante, puisque l'on sait que la terre a besoin d'une grande force électrique, et qu'elle prend l'électricité partout où elle la trouve.

Les métaux, par leur composition, ont les molécules peu serrées, ce qui le prouve, c'est leur grande flexibilité; ils contiennent beaucoup de calorique et beaucoup d'électricité pour conserver leur solidité; leur parosité leur permet de s'emparer avec autant de facilité du calorique que de l'électricité. Une barre de fer, rouge à une extrémité, cède une partie de son calorique à la totalité du métal, et, si la barre n'est pas trop longue, l'autre extrémité sera brûlante. Le froid opère le même phénomène, il suffit de soumettre un fragment de métal à son action pour que la totalité éprouve la même influence. Les corps où cette force n'est pas balancée offrent des phénomènes différens: le verre est brûlant dans une partie, tandis que dans une autre peu éloignée il est glacial. La grande quantité d'électricité qui concourt à sa formation explique ce phénomène; les corps végétaux chargés de gaz ou de calorique sont en ignition dans une partie, tandis que les autres peuvent facilement être touchées, sans avoir augmenté d'une manière sensible leur action calorique. Cette explication était nécessaire pour faire concevoir pourquoi les métaux sont plus propres à la propagation du fluide électrique que les autres corps. Revenons aux expériences qui doivent nous occuper.

Les savans ont divisé l'électricité en vitrée et résineuse. L'électricité vitrée, suivant eux, se trouve dans le verre, les cristaux, etc., etc.

L'électricité résineuse se trouve dans différens bitumes, résines, etc., etc.; enfin dans des corps enflammables, et qui contiennent une grande quantité d'oxigène; l'électricité vitrée a la force répulsive, l'électricité résineuse a la force attractive. Il est tout naturel que les corps résineux qui contiennent beaucoup de calorique, déterminent d'autres phénomènes que ceux qui en sont presqu'entièrement privés. Si vous prenez un bâton de cire d'Espagne, que vous le frottiez fortement, un corps léger, et en même temps doué d'électricité, est attiré fortement vers lui, par la raison toute simple qu'il a besoin d'électricité pour conserver sa force concentrante; que le calorique que l'on développe lui en enlevant une partie, ce corps doit chercher à la remplacer. Si vous frottez un morceau de verre, et que vous soumettiez un fragment métallique ou un duvet au verre, ces corps sont attirés et repoussés subitement. Le verre contenant une grande quantité d'électricité, cherche à donner cette propriété, et le corps est attiré vers lui; mais comme ce corps contient du calorique, le calorique est repoussé par la force électrique, et entraîne avec lui le fragment qui ne lui oppose pas assez de résistance par sa légèreté. Si on fixait le fragment au verre, en supposant que ce soit un fragment d'or; et que l'on donnât une force électrique suffisante pour le priver entièrement de calorique, le métal s'incrusterait dans le verre, et ses molécules seraient parties inhérentes de ce corps. Les phénomènes de la répulsion que je viens de décrire, sont identiques avec ceux que j'ai expliqués relativement à la végétation; un corps n'a donc la propriété répulsive ou attractive que d'après sa conformation et les doses d'électricité et de calorique qui le constituent lui-même, ou le corps qu'on lui oppose; mais il est toujours constant que l'électricité a la force concentrante, et le calorique, la force dilatante; que les corps sont composés par leur quantité variée; qu'il ne peut y avoir de corps sans contraction et sans dilatation; que plus un corps contient de calorique plus il est dilaté, et plus par conséquent il a de volume; que plus un corps contient d'électricité plus il est contracté, plus il perd de son volume : vérités évidentes qui seront de tous les siècles, quelqu'accroissement que prennent les sciences physiques.

D'après les physiciens modernes, les corps se divisent en bons conducteurs de l'électricité et en mauvais conducteurs. Je vais expliquer ce que je conçois par bon ou par mauvais conducteur. Plus un corps est composé d'électricité plus il lui sera difficile d'en recevoir, plus un corps contient de calorique plus il sera difficile encore au fluide électrique de s'insinuer dans ce corps, et de détruire la résistance que lui oppose le calorique. Ces espèces de corps seront donc mauvais conducteurs de l'électricité. Les métaux qui ont les molécules écartées, (propriété qui, comme nous l'avons dit plus haut, est prouvée par leur élasticité et leur ductibilité), permettent au fluide électrique de s'interposer dans leurs molécules, et sont par conséquent bons conducteurs de l'électricité; toutes les fois qu'un corps est bon conducteur de l'électricité, il est bon conducteur du calorique. J'ai dit plus haut que, toutes les fois que l'on introduisait du calorique dans un corps électrique, l'électricité s'en dégageait; j'ai rendu cette assertion sensible par les expériences de la machine électrique. Reste maintenant à expliquer, suivant mon raisonnement et les principes que j'ai aperçus, tous les phénomènes qui naissent des expériences que l'on fait journellement dans les cabinets de physique, et qui viennent étonner les savans par leur contradiction.

EXPÉRIENCES.

On suspend, au moyen de deux fils de soie, deux petites balles de moële de sureau aux extrémités d'un tube de verre recourbé, et garni au point de suspension de deux boules de métal; les deux balles étant situées à une petite distance l'une de l'autre, si l'on touche les deux points de suspension avec un tube de verre électrisé par frottement, l'électricité augmente dans les boules métalliques et dans les fils de soie, qui tiennent en suspension les balles de sureau. L'électricité exerce donc une action sur les deux corps suspendus. Cette action a pour résultat un dégagement de calorique, par la raison que toutes les fois que l'électricité s'empare d'un corps, le calorique s'en échappe; ce dégagement de calorique fait écarter les deux balles suspendues, et elles se repoussent. Si l'on touche les deux points de suspension avec un bâton de cire d'Espagne, le même phénomène doit avoir lieu, parce que les corps électriques qui tiennent en suspension les balles, absorbent une quantité de calorique que laisse échapper la cire d'Espagne lorsqu'elle a été frottée; cette absortion de calorique développe un dégagement d'électricité contenu dans la soie; cette électricité qui agit sur les balles y détermine un dégagement de colorique, et ce calorique produit la répulsion.

Si l'on touche un point de suspension avec le tube de verre et l'autre avec la cire, les deux balles s'attirent et se précipitent l'une vers l'autre; la cire s'empare d'une quantité d'électricité dont elle a besoin, et communique aux corps électriques une partie de son calorique : le verre, au contraire, sature les corps d'électricité ; la boule opposée, qui en a été privée par l'absortion de la cire, cherche à rétablir l'équilibre, se porte donc vers la balle qui en est saturée, et elles se touchent ; mais la boule électrique devant attirer l'autre, il devrait en résulter qu'elle ne devrait pas changer de place. Ce phénomène est facilement expliqué par les lois de la gravitation, et par le besoin égal qu'ont ces deux boules de se réunir ; l'une, pour abondonner le calorique superflu, et l'autre pour abandonner son excès d'électricité.

Suspendez légèrement au conducteur d'une machine électrique une frange de fil, tournée sur elle-même, en forme de houppe, du moment que vous électrisez l'appareil, vous voyez tous les fils réunis s'écarter l'un de lautre à une distance d'autant plus grande que l'électricité est plus forte : l'électricité veut s'emparer du fil, elle en chasse le calorique, et le calorique, en sortant, produit l'écartement des fils qui forment la frange.

Placez sur une plaque de métal de cinq à six pouces de diamètre des feuilles d'or coupées en parcelles, de manière qu'elles soient présentées à deux pouces au-dessous d'une plaque semblable suspendue au conducteur, et conséquemment électrisée par son intermède ; ces petites feuilles d'or sont aussitôt attirées, et ensuite subitement repoussées contre celles de dessous, de manière que ces attractions et répulsions alternatives se répètent aussi long-temps que le conducteur est électrisé. L'électricité contenue dans la plaque supérieure, cherche à donner sa propriété aux parcelles d'or, elle les attire donc, mais comme ces parcelles contiennent du calorique, ce phénomène est expliqué comme dans l'expérience précédente : l'électricité le forçant à sortir des parcelles, et ces parcelles n'offrant pas assez de résistance, elles suivent le calorique qui les entraîne. Si elles étaient fixées pendant un certain temps, le calorique aurait le temps de se dégager, et elles resteraient attachées à la plaque électrisée.

Attachez au conducteur une tige de métal terminée en pointe ; présentez-y l'intérieur d'un verre que vous tenez des deux mains, posez ensuite sur une table quelques balles de moêle de sureau, et couvrez-les avec le verre, elles commenceront aussitôt à sautiller contre ses parois intérieures ; l'électricité dont on a saturé le verre, lui donne une force concentrante plus grande ; il a le pouvoir d'attirer à lui les petites balles, et comme ces bales contiennent du calorique, elles sont repoussées presqu'aussitôt du verre.

On m'objectera sans doute, que dès l'instant où le fluide électrique a chassé le calorique, les corps devraient être soumis à l'attraction, je répondrai que l'air atmosphérique étant composé de calorique, leur donne cette propriété au même degré où ils l'avaient avant, à mesure qu'un autre corps la leur ôte.

Placez une feuille d'or entre deux glaces renfermées dans une petite presse de bois, de manière que l'une des extrémités de cette feuille soit en contact avec la garniture extérieure de la batterie électrique, et que l'autre communique avec une tige de l'excitateur ; l'étincelle réduit l'or en poudre, qui s'incruste dans le verre ; la grande force électrique, communiquée à la feuille d'or, en fait sortir tout le calorique ; le calorique s'introduit dans le verre, écarte les molécules, et l'or, ne pouvant faire approcher le verre qui est trop lourd de lui, s'en approche avec force, s'introduit dans les molécules dilatées, et s'y incruste.

Lorsque l'on soumet un corps composé d'électricité à l'influence du calorique par le frottement, arrivé à un certain point, l'électricité s'en dégage sous une forme lumineuse et en étincelles auxquelles on a donné le nom d'aigrette; si vous présentez une pointe au conducteur, les aigrettes disparaissent subitement; nous expliquerons ce phénomène dans le chapitre qui traite du paratonnerre. Si l'on présente plusieurs pointes, le fluide a plus de peine à être soutiré, et les aigrettes continuent à paraître. Le calorique contenu dans les tiges métalliques en est chassé par l'introduction de l'électricité; ce calorique, s'échappant de tous les côtés, éprouve une résistance par l'obstacle que lui présente l'électricité qui s'empare des tiges, il devient un obstacle lui-même à l'introduction subite du fluide électrique, et de là, cette différence dans les phénomènes qui ont lieu, lorsque l'on présente l'action de plusieurs pointes au fluide électrique.

On présente un corps au bouton isolé de l'électromètre : les feuilles d'or s'écartent : on porte ensuite un bâton de cire d'Espagne. Si le corps présenté est composé de calorique, il produit un écartement, et en portant le bâton de cire d'Espagne, le calorique que cette substance contient produit encore l'écartement plus grand par l'augmentation de ce dernier fluide; on a appelé ce phénomène électricité résineuse. Dans le cas contraire, c'est à-dire, si le corps présenté est éminemment composé d'électricité, ce fluide fait sentir son action aux feuilles d'or ou aux pailles, à l'instant où l'on présente le bâton de cire à cacheter, ce corps qui est avide d'électricité, attire vers lui les pailles ou les feuilles d'or, voila l'électricité positive.

Dans ce dernier phénomène, l'électricité chasse le peu de calorique contenu dans les fragmens d'or, de là leur écartement; il n'est pas étonnant que la cire, avide d'électricité, attire vers elle ces fragmens.

On renferme de la terre dans une boîte métallique, on place dans cette terre des graines, on ferme hermétiquement la boîte, on soumet cette boîte à l'action du fluide électrique, le fluide électrique accumulé force le calorique à s'échapper des graines, le calorique entraîne le germe, et produit une végétation instantanée. On prend une boîte métallique, garnie à son extrémité inférieure d'un tube cylindrique d'une petite dimension fermé à son extrémité extérieure d'un bouton de cuivre; on remplit cette boîte de gaz hydrogène mêlé d'air atmosphérique, on bouche hermétiquement la boîte, on lui fait soutirer le fluide électrique en mettant l'extrémité du tube en rapport avec le conducteur de la machine; l'électricité accumulée fait sentir son action au corps renfermé dans la boîte, elle cherche à le concentrer; le calorique, pressé de toute part, s'échappe avec explosion, et nous avons pour résultat un corps concentré qui est l'eau; l'eau étant composée d'hydrogène et d'oxigène, le surplus du calorique qui tenait ce corps dans cet état de dilatation, qui l'avait constitué à l'état gazeux, l'abandonne, s'enflamme et laisse au fluide électrique la liberté de le concentrer.

La tourmaline est une pierre qui cristalise en prismes ordinairement à neuf pans, terminés par des sommets à 3, 6, 9 faces ou davantage. Tant que cette pierre est à la température ordinaire, elle ne donne aucun signe d'électricité; si on l'échauffe, soit par le frottement, soit en la soumettant à l'action du calorique, une de ces extrémités repousse un fragment de soie, l'autre extrémité l'attire : par la conformation de cette pierre, on doit voir que les molécules sont longitudinales; il en résulte que lorsque ce corps est soumis au calorique, ce fluide s'introduit plus facilement par les extrémités; s'il s'introduit par les extrémités il est obligé d'en abandonner une pour céder le passage par l'autre au fluide électrique; si au contraire on sature ce corps d'électricité, le calorique doit également s'échapper par une extrémité : alors il est tout naturel qu'une extrémité attire et qu'une autre repousse.

CHAPITRE IX.

DE LA FOUDRE.

Avant que la science eût éclairé de son flambeau le monde, lorsque l'ignorance obligeait les hommes à attribuer les grands phénomènes de la nature à la volonté journalière de l'intelligence suprême, alors on était loin de penser que le génie immense qui a créé la matière lui avait tracé une marche; qu'elle devait se conserver et se reproduire d'après des lois fixes, qu'il était au dessous de sa grandeur de retoucher à un ouvrage qui devait être parfait comme celui qui l'avait créé, et que c'était ravaler sa dignité que de l'occuper exclusivement des misères qui nous torturent l'esprit.

L'homme a voulu connaître de tout temps les phénomènes qui se passent sous ses yeux; lorsque ses sens n'ont pu satisfaire sa curiosité, il les a attribués à un pouvoir supérieur. Lorsqu'il entendait gronder la foudre au-dessus de sa tête, lorsque des détonnations violentes faisaient trembler tous les corps de la nature, lorsque la tempête mugissait dans les forêts, et faisait retentir son habitation de gémissemens sourds et prolongés, ou de sifflemens aigus; alors l'ame remplie de terreur, ne pouvant trouver la cause de ces scènes majestueuses, il croyait que la divinité irritée venait le punir des fautes qu'il avait pu commettre, et il cherchait à l'appaiser par des flatteries qu'il croyait lui être agréables. Quel est ton orgueil, fragile créature! tu assujettis ton Dieu à tes passions, tu lui supposes ta faiblesse, crois-tu que si ton existence lui déplaisait il aurait besoin de changer l'ordre de la nature pour t'anéantir, et de mettre à contribution tous les élémens ?

Lorsque les rayons solaires tombent perpendiculairement sur une partie de la terre, ces rayons sont décomposés, la terre s'empare de toute l'électricité, le calorique reste à sa surface, il cherche à dilater tous les corps; sa puissance alors combat fortement celle de l'électricité, les corps solides acquièrent plus de volume, l'eau est réduite par sa dilatation à l'état de gaz, l'air est chargé de molécules aqueuses.

Dans cet état, les animaux et les végétaux languissent; l'homme, dans un état de stupeur et d'anéantissement, cherche le sommeil, les oiseaux ne font plus retentir les airs de leurs chants harmonieux, ils recherchent la fraîcheur de l'ombrage, les animaux amphibies et aquatiques sont sans mouvement, silencieux et dans un état de maladie, ils craignent encore en agissant d'augmenter la force du calorique, instinct admirable dont l'intelligence suprême a doué les êtres, et qui tend toujours à leur faire rechercher ce qui est nécessaire à leur conservation. L'eau, par sa légèreté, est élevée au-dessus de l'atmosphère, une partie reste dans l'air atmosphérique, ce qui explique sa pesanteur, celle qui est élevée dans les régions supérieures est dilatée au dernier degré.

L'électricité, qui est toujours combattue par le calorique s'élève au-dessus de l'air atmosphérique, elle enveloppe notre planette; cette condition était nécessaire pour la formation des nuages, pour les circonscrire et ramener lorsqu'il en est besoin l'eau dans un état plus solide, pour empêcher la trop grande dilatation de l'air, l'émanation du calorique et des gaz. L'air qui avoisine les nuages est bien plus froid; arrivés à une certaine hauteur, les corps gazeux et solides que l'on élève par différentes combinaisons, rencontrent un obstacle dans l'électricité, et ne peuvent dépasser cette barrière. Les animaux qui sont destinés à vivre dans les régions supérieures, sont revêtus d'une enveloppe électrique qui les garantit, s'il en était autrement, leur existence serait continuellement compromise par l'action directe de l'électricité.

L'eau, dis-je, se dilate, la force du colorique contribue à la mettre sous l'influence de l'électricité: en effet, lorsque dans cet état de dilatation il n'existe presque plus de force électrique, le corps est sur le point d'être décomposé; le calorique ne trouvant plus d'obstacle, parvient à s'échapper, l'électricité qui l'environne favorise encore sa sortie, elle cherche à concentrer les molécules, le calorique en est chassé avec force. Une explosion violente signale ce phénomène; tous les corps solides sont ébranlés, les êtres vivans sont dans la terreur, les molécules débarassées de cet agent se réunissent, la force d'agglomération a le dessus, et l'eau tombe sur nous pour rendre à la terre la fraîcheur dont elle a besoin et revivifier la nature. Lorsque les premières explosions ont lieu, les animaux chargés d'électricité pressentent les résultats de ces phénomènes; les oiseaux aquatiques battent des ailes, font éclater les transports de leur joie; les poissons, par des bonds multipliés, s'élèvent au dessus du corps dans lequel ils ont été placés.

A peine l'eau est-elle venue donner l'électricité qui était nécessaire à la terre et diminuer la force du calorique, que tous les végétaux reprennent leur éclat, les animaux leur vivacité. Alors vous voyez nos bocages égayés par les chants de leurs habitans, toute la nature est dans l'allégresse, toutes les espèces se réunissent et s'occupent de la reproduction.

Ces phénomènes ont lieu quelquefois sous nos yeux : lorsque par la force du calorique une certaine quantité d'eau est réduite à l'état de gaz, l'action de l'électricité se fait sentir jusqu'à la terre; le calorique, obligé de sortir avec violence, renverse, brise les végétaux, et donne la mort aux animaux, scène qui ne contribuait pas peu à remplir de terreur les êtres témoins de ce spectacle. Les hommes avertis par l'expérience se cachaient; leurs habitations bien loin de les garantir, contribuaient quelquefois à augmenter le danger dont ils étaient menacés par les différens matériaux qui entraient dans leurs constructions; alors parut un génie observateur, qui plaça sur les édifices élevés des corps qui ont la propriété de paraliser la violence de ces phénomènes : Franklin découvrit les paratonnerres, découverte qui lui assure la reconnaissance de tous les siècles, mais que lui-même ne comprit pas.

Le paratonnerre est une barre de fer, plus ou moins longue, terminée à son extrémité supérieure par une pointe que l'on a pourvu d'aimant. L'aimant est un corps éminemment composé d'électricité, il possède la force concentrante à un tel degré, qu'il attire vers lui des corps qui lui sont présentés, et qu'il donne même pour un certain temps à différens corps qui ont été en contact avec lui, une partie de la force dont il jouit; l'extrémité de la barre de fer, munie de cette force électrique, est placée sur un lieu élevé. Lorsque les phénomènes que nous venons de décrire se passent dans les airs, l'extrémité de la barre de fer s'empare d'une partie de l'électricité, le métal qui est bon conducteur la reçoit, une chaîne qui est placée à la base de de la barre de fer et qui se prolonge jusque dans une cavité que l'on a pratiquée au sol, aide encore à l'absortion du fluide électrique, et le conduit à la terre qui s'en empare, alors il est tout naturel que l'agent qui détermine les phénomènes étant affaibli, la violence soit moindre : quant aux pointes qui ont le pouvoir de soutirer le fluide électrique, il est facile d'expliquer les causes de ce pouvoir : moins il y a de surface, moins aussi il y a de molécules; la première molécule s'empare facilement du fluide électrique elle le communique à celle qui l'avoisine et celle-là le communique progressivement aux autres; il est à remarquer que la barre de fer étant quadrangulaire, offre ses angles qui ne sont réellement que des pointes ou fluide électrique, et que l'absortion de ce fluide est plus facile par cette disposition du métal. La pointe se présentant au fluide, laisse sur ses côtés en s'introduisant dans son sein, ce qu'elle n'a pu absorber, et les quatre angles l'absorbent avec plus de facilité. Si au lieu d'une pointe on soumettait à l'action du fluide une boule qui, par sa disposition, offrît d'une manière égale ses molécules, il y aurait un choc violent et une détonnation terrible avant que le fluide ait eu le temps d'être absorbé par une molécule, parce que le fluide, ne pouvant être divisé aussi facilement, et ne trouvant pas des angles pour se briser, est obligé de frapper sur une surface qui lui oppose une force supérieure.

Ce raisonnement, qui est fait par rapport à cet agent, a été fait naturellement sur tous les corps de la nature; si vous opposez à une masse d'eau une surface unie, vous entrerez avec beaucoup plus de peine que si vous lui opposez une pointe, plus un corps est aigu, plus il a de facilité à diviser les molécules.

CHAPITRE X.

LA GRÊLE, LA NEIGE.

Lorsque les rayons solaires tombent perpendiculairement sur une partie de la terre, l'action des deux agens qui les constituent est à peu près égale. L'eau dans un grand état de dilatation et contenant par conséquent beaucoup de calorique, s'empare encore du calorique des rayons qui traversent les nuages, l'électricité répandue autour d'eux leur fait ressentir son action, cherche à les concentrer, et empêche ainsi leur division complète. Lorsque, comme nous l'avons dit, l'électricité parvient à vaincre le calorique, le nuage perd de sa dilatation, se solidifie et tombe en eau; quelquefois l'action électrique a taut de force qu'elle chasse presque complètement le calorique : alors l'eau tombe sous une forme solide, que nous appelons grêle, phénomène qui glace de terreur le cultivateur par les ravages qu'il exerçe dans les récoltes, mais qui a toujours son but d'utilité. Ces corps solides, en tombant, détruisent par leur choc une grande quantité d'insectes et de reptiles qui naissent dans les chaleurs et qui pullulent sur la surface du globe exposé à l'action du calorique; d'un autre côté, ils apportent à la terre beaucoup plus d'électricité que lorsque l'eau tombe sous un état de fluide.

Lorsqu'une partie de la terre reçoit les rayons solaires obliquement, la force électrique n'est pas balancée avec la force calorique, les corps solides s'emparent de toute l'électricité; la partie qui reçoit perpendiculairement les rayons solaires, lui en communique une portion par la quantité que l'action du calorique la force à laisser échapper. Dans cet état, les corps que l'on considère comme électriques, au moindre choc ou frottement qui a pour résultat d'introduire du calorique, donnent des étincelles. L'enveloppe des animaux, qui doit être électrique pour s'opposer à l'action du calorique et pour le contenir, est brillante; elle paraît lumineuse dans l'obscurité : exposé à l'action du froid, lorsqu'un moine à tête rasée tire son capuchon de dessus sa tête, le frottement fait sortir des étincelles lumineuses, ce qui a pu faire croire à des rayons de gloire, et béatifier des capucins indignes. Tous les liquides se concentrent ou se cristallisent, les métaux perdent de leur flexibilité et de leur élasticité. La dilatation étant arrêtée, les végétaux ne croissent plus, la nature est morne et languissante, les animaux sont muets; l'homme seul, par son industrie, a su dans ses demeures modérer cette force électrique et passer l'hiver aussi agréablement que les autres saisons, tandis que les autres animaux périssent quelquefois faute d'alimens, ou par l'action excessive de l'électricité qui les concentre tellement, qu'elle arrête la circulation du sang, et par consequent détruit le calorique.

Les végétaux périssent aussi, et ceux qui sont nécessaires à l'homme, soit comme aliment ou comme agrément, sont garantis par des corps qui s'opposent à l'action électrique, ou dans des lieux abrités.

Dans cet état, les nuages ont peu de force calorique, la nature n'a pas besoin de recourir à ses grands moyens pour donner la fluidité à l'eau; de là les pluies abondantes qui tombent pendant l'hiver et l'automne.

Quelquefois les nuages sont solidifiés tout à coup, et ils tombent en flocons blancs, que nous avons appelés Neige. Comme ils contiennent du calorique, le calorique est encore interposé dans les molécules, il n'a pas eu le temps de s'échapper, ce qui explique la porosité de ce corps, son action calorifère sur les végétaux qu'il garantit de la trop grande influence du froid.

Les lieux souterrains, ou qui par leur disposition ne reçoivent le calorique que par communication, offrent des phénomènes identiques, le calorique les pénètre avec peine, les murs de nos caves sont revêtus de cristallisation. On voit sous les rochers, des grottes brillantes de rubis et d'émeraudes; la nature semble vouloir dédommager ces lieux de la privation des rayons solaires en les embellissant d'une lumière différente.

CHAPITRE XI.

DES VENTS.

Lorsque sur une partie du globe terrestre, par la disposition des rayons solaires, l'air a la faculté de s'emparer d'une certaine portion de calorique, il se dilate, acquiert du volume; cet air ainsi raréfié est obligé de refouler sur lui-même l'air qui l'avoisine; il en résulte des fluctuations que nous avons appelées vents; mais ces vents sont faibles. Lorsque l'air dilaté par le calorique, peut se munir d'électricité par les pluies ou par d'autres phénomènes, il se condense, perd de son volume, l'air qui l'avoisine cédant à son propre poids, s'affaisse avec force et produit ces secousses violentes qui renversent les végétaux et les animaux, et viennent remplir l'atmosphère de corps étrangers. Lorsque la dilatation de l'air a lieu aux endroits que nous habitons, que dans ces endroits, par les phénomènes que nous avons expliqués, la pluie donne de l'électricité à l'air, l'air perd de son volume, les deux colonnes s'affaissent tout à coup, viennent se heurter violemment et donnent naissance à ces vents que nous appelons tourbillons, qui paraissent comme précurseurs des orages, pendant ou après ces phénomènes. En étudiant avec attention la direction des vents, leur nature chaude ou froide, on reconnaîtra facilement de quels côtés ils viennent et ce qui leur donne naissance.

Le peu de mots que j'en dit n'est que pour prouver que tous les phénomènes de la nature se rapportent à deux causes, la force concentrante ou électrique et la force dilatante ou calorique. Pour ce qui a rapport aux détails scientifiques, je le laisserai à de plus grands génies, trop heureux si ces idées incohérentes encore, peuvent fixer un moment les regards des savans, et jeter quelques clartés sur les définitions obscures relatives aux phénomènes électriques.

Les vents concourent à la végétation ; le mouvement qu'ils opèrent, donne aux végétaux de l'électricité ou du calorique, suivant leur nature; ils donnent le mouvement aux flots de la mer, théâtre où les vents jouent le plus grand rôle. Ce mouvement continuel est nécessaire pour donner du calorique à l'eau, pour lui permettre de se volatiser, pour favoriser l'accroissement et conserver l'existence de tous les êtres qui vivent dans son sein.

La lune reçoit les rayons solaires comme la terre, elle s'empare de la force électrique pour concentrer son être et la force calorique pour le dilater. Ces deux agens, qui ont pour résultat de produire l'accroissement des corps terrestres, ont aussi le pouvoir de constituer l'équilibre qui régit les astres ou les planètes. Tous les astres ont une force qui tend à les faire approcher les uns des autres et du soleil par conséquent, et une autre force qui les éloigne, ces deux forces, l'une de dilatation et l'autre d'agglomération sont les forces que j'établis comme base de mon système, et qui régissent l'univers.

La lune, lorsqu'une de ses parties est frappée par le soleil, s'empare de l'électricité, le calorique suit les mêmes lois que sur notre planète, il cherche à vaincre cette force électrique ; alors des rayons lumineux sont lancés jusques vers nous, ils sont privés de tout calorique, parce que le calorique, plus lourd et moins subtil que l'électricité, reste à la surface des planètes et les environne; une preuve de ce que j'avance : le calorique, résultat de la décomposition des rayons solaires, s'empare de tous les corps terrestres, constitue presqu'entièrement l'air atmosphérique, ne s'élève guère au-dessus ; le froid intense que l'on éprouve en arrivant dans les régions supérieures, les phénomènes électriques que j'ai décrits et qui se passent dans cette partie de l'espace, ne font qu'appuyer les idées que j'émets.

Le fluide électrique, qui est une partie de la lumière, a un aspect plus blanc et moins éclatant, allié au calorique, il acquiert une couleur plus foncée et plus vive ; alors la lumière est constituée. On est entièrement convaincu de cette vérité en examinant les étincelles qui jaillissent des corps sur lesquels on fait des expériences dans les cabinets de physique, ou la couleur des éclairs.

La lune a donc au dessus de son atmosphère une certaine quantité de fluide électrique qui s'échappe de son centre par l'action du calorique, et qui vient frapper sur notre planète ; la position de cette planète, relativement au soleil, explique la différence d'aspect sous lequel nous la voyons ; ses rayons sont privés entièrement de calorique, dans les fortes gelées ils augmentent encore l'intensité du froid : il en résulte que lorsqu'ils frappent sur la mer, ils doivent concentrer ses molécules, diminuer par conséquent de son volume, et lorsqu'une moindre portion de ces rayons est en rapport avec la mer, la concentration doit être moins grande; cette différence de position, jointe au mouvement du soleil, doit expliquer d'une manière satisfaisante aux savans, les phénomènes de la marée montante et de la marée descendante.

CHAPITRE XII.

DE LA COMBUSTION.

L'électricité contracte les molécules des corps, et s'oppose par ce moyen, à l'émanation des gaz ou calorique qui tend toujours à diviser : plus un corps est contracté, plus il est solide, plus il contient d'électricité, et plus alors il est difficile au calorique de vaincre la force que lui oppose l'électricité. Il est facile de concevoir pourquoi le verre, les métaux, les minéraux en général, cèdent difficilement à l'influence du calorique, et pourquoi les corps dilatés, légers, composés de calorique, cèdent facilement à sa puissance.

L'air atmosphérique est du calorique mitigé par un peu d'électricité pour lui ôter sa force désorganisatrice. Par des opérations chimiques, on obtient de ce corps un acide qui décompose tous les corps calorifères et la plupart des métaux. L'air atmosphérique imprime le mouvement à tous les corps de la nature; il s'introduit dans tous les êtres; il doit ces propriétés à sa pesanteur et au calorique qui le constitue. Le mouvement a pour attribut spécial de déplacer les corps; le déplacement des plus petites molécules et des masses énormes, peut offrir une différence par rapport à nos sens; mais les causes et les résultats sont les mêmes par rapport à la nature. Aussitôt que l'air parvient à s'introduire dans un corps, il se joint au calorique que ce corps contient déja, si la quantité de gaz ou de calorique est graduée de manière à le classer parmi les corps combustibles, l'augmentation de calorique qu'il recevra déterminera la combustion; c'est-à-dire, que l'électricité n'offrira pas assez de résistance à cette accumulation de calorique, les molécules se dilateront, les gaz ou caloriques s'échapperont, une partie d'électricité s'adjoindra du calorique, la réunion de ces deux agens formera des rayons lumineux qui s'échapperont du centre du corps en combustion, et répandront de la lumière à une distance déterminée d'après le volume ou la qualité du corps; le surplus du calorique ou des gaz se répandra dans la nature pour concourir à la formation de nouveaux êtres, et une partie de l'électricité concentrera les résidus de la combustion. Si le corps, résultat de la combustion, que nous appelerons charbon, est de nouveau soumis à l'action du calorique, et que l'on parvienne à le priver d'une partie du calorique qu'il contient, nous aurons un corps plus contracté, vitrifié; et si, par des moyens chimiques, nous parvenons à enlever du calorique à ce corps, nous aurons le diamant qui est le corps le plus concentré que nous connaissions.

Introduit dans notre corps, l'air forme une combustion, et c'est à cette opération que nous devons notre existence. On est convaincu de ces vérités, si l'on considère un moment que l'absence de l'air ou des gaz détermine un froid très intense. L'eau se gèle instantanément lorsqu'on la place sous une cloche de verre dont on a opéré le vide à l'aide de la machine pneumatique : dans les phénomènes produits à l'aide de la machine électrique, c'est l'air introduit par le frottement qui force l'électricité à s'échapper. Le mouvement opéré par l'air atmosphérique, et par conséquent, l'air atmosphérique seul, détermine la combustion. On peut objecter sans doute, que le mouvement, résultat de la spontanéité d'un animal, donne lieu à la combustion; par exemple : lorsque mon bras frappe un caillou, ou opère un fort frottement, j'obtiens la combustion : pour que mes organes agissent, il est nécessaire que mon sang circule; il est donc nécessaire que je respire, et les mouvemens que j'opère ne sont que les résultats du calorique introduit dans mon être. Il faut un mouvement violent ou continu pour obtenir l'ignition; c'est une condition nécessaire pour garantir l'existence des êtres; car si au moindre choc ou mouvement les corps entraient en combustion, tous seraient bientôt désorganisés, et le but de l'intelligence qui a créé, qui a tracé des lois à la nature qu'aucune intelligence humaine ne pourra jamais entraver, ne serait pas rempli.

Ces vérités sont tellement évidentes, qu'on ne peut se refuser à les croire, en considérant que l'homme par ses travaux a découvert des corps qui entrent en ignition au simple contact de l'air, tel que le phosphore; d'autres au moindre choc, tel que l'hydroclorate de potasse; et d'autres enfin, qui s'embrasent avec une promptitude extraordinaire à l'instant où ils rencontrent un corps en ignition.

Il est cependant consolant de pouvoir concevoir tous ces beaux phénomènes, toutes les scènes sublimes que la nature offre tous les jours à nos regards, et qu'il n'est donné qu'à l'homme de comprendre; il est consolant, dis-je, de pouvoir les expliquer par la présence de deux agens. Qu'un savant, qu'un génie de premier ordre, veuille réfléchir sur ce système, quel admirable enchaînement il apercevra dans la nature; que de résultats compliqués; que de contradictions apparentes dont il saura se rendre compte, et qu'il pourra expliquer par des lois aussi simples que naturelles. S'il est donné plus tard à l'homme de se rendre maître de ces deux agens, quels résultats étonnans il obtiendra.

La combustion a lieu également par une grande force électrique : si un corps est fortement concentré, c'est-à-dire, si l'électricité en contractant les molécules force le calorique à s'échapper, alors il y aura combustion ou explosion du calorique, ce qui est identique. En soumettant tous les corps de la nature à l'action du calorique, on parvient à le faire échapper de ces corps, et on a, comme nous l'avons expliqué plus haut, des corps beaucoup plus concentrés. La chimie moderne a trouvé le moyen de faire des diamans ou des corps qui en approchent beaucoup. En réfléchissant sur les phénomènes de la vitrification, état auquel tous les corps de la nature peuvent être amenés, on est forcé de convenir que les corps dans cet état sont de la lumière solide : en effet, lorsqu'on est parvenu à purger un corps de son excès de calorique, et qu'il y a une proportion donnée d'électricité et de calorique, le corps est transparent et de la couleur de la lumière, lorsqu'il est amené soit par la nature, soit à l'aide de moyens artificiels à l'état de diamant, il n'est plus possible de lui faire céder du calorique, et de le concentrer davantage sans le faire changer de forme; si l'on soumet ce corps à l'action du calorique, ce dernier agent s'échappe, et l'électricité, n'ayant plus de calorique à contenir, ne peut à elle seule constituer un corps; elle se répand dans la nature, et d'un corps si solide, si concentré, il ne reste pas le moindre vestige après l'opération.

Le diamant se trouve à la surface des terrains rocailleux, où le soleil darde ses rayons perpendiculairement; ces terrains sont circonscrits par des rochers très élevés; la force du calorique ne peut être tempérée ni par les vents, ni par les pluies qui apporteraient de l'électricité.

Les corps s'emparent avec avidité de toute l'électricité que contiennent les rayons solaires, le calorique isolé fait sentir son action à ces différens corps, l'électricité qui le combat fait sortir en concentrant le calorique que ces corps contiennent déja, et la dilatation qu'opère le calorique des rayons solaires favorise encore cette sortie; alors, il doit se former des corps excessivement durs que l'on a appelé diamant. On conçoit, sans doute, que la formation de ces corps demande beaucoup de temps par rapport à nous; mais la nature dans ses opérations ne calcule pas comme les hommes; ce qui pour eux paraît éternel, pour elle ne constitue qu'un instant. Plus un corps contient d'électricité, plus il est transparent, ce qui prouve que les rayons solaires sont composés de beaucoup plus d'électricité que le calorique; ce premier agent étant la force organisatrice, il doit avoir une facilité à pénétrer les corps incomparablement plus grande que ne l'a le calorique.

Un corps de ceux que nous appelons calorifères est placé sous un verre lenticulaire, exposé aux rayons du soleil; ce corps s'enflamme.

Un caillou est frappé violemment par une lame d'acier, et les étincelles qui en jaillissent allument le corps combustible.

De l'air est renfermé dans un tube cylindrique, fermé à une de ses extrémités, et garni à une autre d'un piston que l'on fait agir violemment; l'air comprimé enflamme le corps combustible.

On prend deux corps calorifères, on les frotte fortement l'un contre l'autre, et ils s'enflamment.

Tous ces résultats sont produits par les mêmes causes.

Dans la première opération, les rayons solaires sont rassemblés sur le verre, ce corps éminemment électrique, résiste à l'action du calorique, il s'empare, pour résister au calorique, d'une partie de l'électricité que contiennent les rayons solaires, le calorique tombe sur le corps combustible, dilate encore ce corps, se joint à celui qui y est contenu, l'équilibre est alors rompu, la force électrique est vaincue, tous les gaz qui sont formés de calorique, s'échappent par la dilatation des molécules, le calorique de l'air atmosphérique joue le plus grand rôle, et le résultat de ce phénomène est le changement de formes du corps. Une partie du calorique s'étant échappée, le corps acquiert une propriété plus concentrée, il est à l'état de charbon; si l'on renouvelle l'opération, et que par l'action du calorique on lui fasse encore perdre ce qu'il en possède, on aura un corps encore plus solide et pour derniers résultats la vitrification.

Dans la seconde expérience, le choc violent écarte les molécules de l'acier, le calorique a la faculté d'en sortir, se joint à celui contenu dans l'air atmosphérique; il se jette sur le corps combustible, et produit les mêmes phénomènes que dans l'expérience précédente. La lame d'acier est plus propre à déterminer ce phénomène qu'un corps combustible, par une raison bien simple : des parcelles de ce métal sont détachées, le calorique exerce une forte action sur elle ; il reste enchaîné dans ces fragmens et a de la peine à vaincre l'action de l'électricité ; dans cet état, il est rouge, pour me servir d'une expression vulgaire ; il conserve cette propriété assez long-temps pour avoir le temps d'être en contact avec le corps combustible. Nous avons dit dans le cours de cet ouvrage qu'un corps bon conducteur de l'électricité l'était aussi du calorique, et *vice versâ*. Celui-ci étant de cette classe, a la propriété de conserver le calorique qui s'introduit dans ses molécules, tandis que les molécules d'un corps combustible, ne pouvant conserver le calorique, seraient en cendres avant d'avoir eu le temps de le communiquer à un autre corps. Pour obtenir la combustion avec deux corps combustibles, il faut opérer sur de plus grandes surfaces. On frotte deux morceaux de bois ; ce mouvement violent déplace les molécules, le calorique de l'air atmosphérique s'y introduit, l'équilibre est rompu, et la combustion a lieu.

Dans la troisième expérience, l'air est fortement comprimé, on réunit le calorique dans une plus petite étendue, il rencontre le corps combustible, et produit le même phénomène. Nous pouvons donc établir que toutes les fois qu'un corps est en combustion, la force du calorique est supérieure à la force électrique, les molécules sont écartées, et livrent passage au gaz et au calorique qui constitue les corps qui brûlent facilement. L'art a su combiner la force du calorique, de manière à soumettre à son action les corps qui lui offrent le plus de résistance. Les métaux, par la contraction de leurs molécules, conservent le calorique long-temps dans leur sein avant de céder à son influence, et ce n'est que par la constante application de ce dernier agent qu'on produit leur combustion : on a une substance qui n'est plus élastique malléable, qui a du rapport avec le verre, tel que le mâchefer.

Le miroir ardent est un verre circulaire, concave, très compact, par conséquent électrique ; on le place de manière à lui faire recevoir directement les rayons solaires ; il s'empare alors de l'électricité dont il a besoin pour conserver sa force d'agglomération ; cette électricité empêche l'introduction du calorique ; cet agent est renvoyé par la réflexion à une certaine distance où on a placé un verre semblable au premier, qui s'empare également de l'électricité que contient encore le calorique qui lui est réflété par l'autre verre ; dans cet état, le calorique, privé entièrement d'électricité, a une force de dilatation énorme ; renvoyé sur des corps que l'on a placé à une petite distance du second verre, il met instantanément les métaux et les minéraux en fusion.

On fait dissoudre un sel dans une certaine quantité d'eau ; on expose la dissolution aux rayons solaires, de manière qu'une partie de la dissolution soit à l'ombre et l'autre soumise directement aux rayons solaires : les cristaux viennent se former dans la partie qui reçoit les rayons solaires : l'eau s'empare du calorique pour s'évaporer, et le sel s'empare de l'électricité pour se cristalliser ou s'agglomérer.

CHAPITRE XIII.

DES VOLCANS.

L'eau de la mer contient du sel que les chimistes appellent chlorure de sodium; ce sel est placé dans son sein pour empêcher la trop grande évaporation. Il fallait que l'intelligence suprême trouvât un moyen pour modérer la force du calorique qui, ne rencontrant pas d'obstacles, eût volatilisé une trop grande quantité d'eau; mais il fallait que ce moyen ne diminuât pas sa fluidité et n'entravât pas le mouvement des êtres qui existent dans le sein des mers. Le sel n'est donc là que pour opposer son électricité au calorique qui s'interpose dans les molécules par le mouvement continuel des vagues. Quelques naturalistes avaient pensé que le sel ne servait qu'à préserver de la corruption les immènses débris d'animaux qui périssent journellement, et qui eussent compromis l'existence des autres êtres. Ce serait avoir une bien haute idée du génie de celui qui a créé, que de supposer qu'il avait eu l'intention de conserver les corps, de s'opposer par là à leur désorganisation et à leur changement de forme. Si l'intelligence suprême, en plaçant le sel dans les mers, se fut proposé le but que ces naturalistes lui supposaient, au bout de quelques siècles, la mer eût été remplie d'animaux de toute espèce, qui par leur quantité innombrable, se fussent opposé à la formation de nouveaux êtres, eussent forcé les eaux à déborder et à inonder toute la surface du globe. Il est donc constant que le sel n'est dans la mer que pour s'opposer, par son électricité, à la trop grande évaporation; s'il en était autrement, avec le mouvement qui existe, une énorme quantité d'eau serait transportée dans les régions supérieures, et nous serions submergés par les pluies continuelles, qui en seraient le résultat.

Les eaux qui se trouvent sous la ligne équinoxiale contiennent beaucoup plus de sel que celles qui avoisinent les régions polaires; les eaux des mers glaciales contiennent environ quinze à vingt livres de sel sur cent livres d'eau, tandis que les eaux qui se trouvent placées sous les zones tropidiennes, contiennent de trente à quarante livres de sel sur cent livres d'eau. Ainsi, l'on voit que la quantité de sel varie dans les mers en raison de leur position, de la direction des rayons solaires et de la quantité de calorique qu'elles sont susceptibles d'absorber.

L'homme donne la sépulture à ses semblables; il fait disparaître tous les cadavres et les débris des végétaux qui se trouvent auprès des lieux qu'il habite, pour se soustraire aux émanations délétères auxquelles ces corps donnent lieu, et qui lui deviendraient funestes. L'intelligence suprême n'a pas pourvu les autres animaux de cet instinct: où les animaux périssent, ils restent; mais la nature, grande dans ses moyens, sait les faire disparaître, les décomposer et reprendre les matériaux qui servaient à leur composition.

Les eaux pluviales en tombant lavent le sol, forment des torrens, augmentent les rivières et les fleuves ; elles entraînent tous les débris d'animaux et de végétaux qu'elles trouvent sur leur passage ; ces débris sont portés aux mers par l'intermédiaire des fleuves ; tous ces corps étrangers, cette prodigieuse quantité de cadavres, vient donc se joindre à la quantité incalculable que la mer contient déja par la mort journalière des êtres qui la peuplent. Ces substances hétérogènes ne peuvent séjourner long-temps parmi les animaux et les végétaux vivans, elles compromettraient leur existence. L'intelligence suprême a des moyens pour tout mettre en harmonie ; et ce qui paraît aux hommes un grand malheur, ce qui pour quelques-uns d'entre eux est une source de désastres, assure l'existence de la nature entière, et coordonne les lois immuables qui la régissent. De même que les hommes, en créant des lois qui protégent les intérêts de tous, ne s'arrêtent pas à ce qui pourrait léser des intérêts particuliers, pourvu que les résultats soient le bien de la plus grande partie ; de même celui qui a tout créé, n'a pas dû s'arrêter à ces petits événemens qui ne sont rien, quand il s'agit de conserver l'équilibre qui garantit l'existence du tout.

Des courans ont été formés dans les mers ; ils s'emparent de tous les corps inutiles et nuisibles aux êtres vivans, ils les transportent dans les grandes cavités qui servent de bases aux montagnes volcaniques : arrivés dans ces endroits, ces débris chargés de gaz ou calorique, se trouvent dans un centre électrique qui est encore augmenté par les partie salines qu'ils contiennent. L'électricité agit puissamment sur eux, le calorique accumulé est obligé de céder à la force qui le combat ; il est chassé avec violence ; il met en fusion les minéraux : alors sont lancés au dessus des cratères avec une force prodigieuse et des mugissemens terribles, des corps terrestres; les minéraux en fusion s'échappent avec fureur, débordent de tous côtés, tombent en longs sillons de feu, s'étendent sur la base des montagnes volcaniques sous le nom de laves, détruisent les végétaux et les animaux qui se trouvent sur leur passage. Ces grands phénomènes n'ont lieu que par intervalle : il faut une grande accumulation de calorique pour les déterminer. Il est facile d'expliquer pourquoi les volcans n'ont pas existé toujours au même endroit, et pourquoi il peut s'en créer de nouveaux : il suffit de considérer que les débris apportés par les courans ont dû nécessiter une éruption volcanique du moment où leur quantité a développé une assez grande quantité de calorique. L'explication de ces phénomènes nous donne aussi la cause de ces bouillonnemens que l'on aperçoit quelquefois dans les mers et de ces éruptions qui ne sont qu'instantanées. Il est physiquement impossible que les volcans aient existé toujours aux mêmes lieux; il eût alors fallu que les courans eussent un cours uniforme et invariable. L'expérience et l'observation ont prouvé que la mer change de place. Il existe dans les mers des bancs de sables mouvans, des îles flottantes; toutes ces causes et d'autres qu'il est inutile de rapporter, doivent nécessairement faire varier les courans, et par conséquent, détruire et créer de nouveaux volcans. Certes, si les hommes qui ont construit leurs habitations auprès des volcans eussent pu soupçonner tous les désastres auxquels ils s'exposaient, ils eussent agi avec plus de prudence : Pompéïa et

Herculanum n'eussent pas été sillonnés par une lave brûlante! leurs élégans édifices n'eussent pas été couverts par des monceaux de cendres qui les ont dérobés aux regards des hommes pendant tant de siècles; et Naples si belle, Naples les délices et l'admiration des étrangers, ne serait pas menacée du même sort!

CHAPITRE XIV.

DE L'INFLUENCE DES DEUX AGENS SUR LE MORAL.

Le calorique est l'ame : l'ame ou le moral doit sa vigueur au calorique ; elle doit son ineptie et sa nullité à l'électricité. L'augmentation du calorique occasionné par les liqueurs fortes, par la fièvre ou par une surabondance de sang, exalte les fonctions intellectuelles, étend l'imagination, crée des êtres, agrandit la sphère dans laquelle l'homme a l'habitude de vivre, produit des visions fantastiques. L'électricité produit l'incapacité, l'insensibilité, la ladrerie et la catalepsie. Dans les maladies produites par une augmentation d'électricité, tel que la paralysie : les membres sont insensibles, incapables de mouvement. Dans le rhumatisme aigu, dans les douleurs produites par une augmentation de calorique, les organes sont doués d'une sensibilité excessive, le mouvement est nécessaire, le malade change souvent de position. Dans les maladies cérébrales qui tiennent à un excès d'électricité, comme dans l'hydrocéphale et la catalepsie : les individus atteints de ces affections deviennent insensibles, perdent leurs facultés intellectuelles, vivent comme des végétaux. Dans les maladies cérébrales occasionnées par une surabondance de calorique, comme les fièvres, l'aliénation mentale, les malades voient sans cesse du mouvement autour d'eux, les idées sont plus vastes et plus étendues.

Les contrées méridionales fournissent des hommes plus hardis, plus audacieux; elles ont été de tous temps le berceau des sciences et des arts. Les premières monarchies sont nées en Asie; les plus anciens peuples civilisés du globe, sont les peuples de l'Indostan et de la Chine. L'indostan possède les manuscrits les plus anciens que l'on connaisse; l'Egypte nous offre des monumens d'une antiquité tellement reculée, qu'on ne sait à qui en attribuer la construction; la solidité de ces monumens, le génie qui a présidé à leur confection, font nécessairement supposer que ces peuples possédaient les sciences physiques à un degré éminent. Les religions, les différens cultes et les lois ont pris leur origine chez ces peuples. Les Chinois connaissaient l'imprimerie, les instrumens de physique et de mathématique de temps immémoriaux.

Il est inutile d'entrer ici dans une digression qui s'écarterait du but de cet ouvrage, il suffit de compulser l'histoire pour être convaincu que la civilisation, les arts et les sciences ont pris naissance dans les contrées méridionales; que les peuples du Nord datent de fort peu; qu'ils sont restés long-temps dans un état de barbarie; qu'ils n'ont été civilisés et aptes aux arts et aux sciences que par l'influence des peuples méridionaux. En jetant un coup-d'œil sur le globe, nous voyons que les peuples du Nord s'appliquent plus aux sciences abstraites positives, qui demandent peu d'imagination, et que quelques-uns sont en arrière de plusieurs siècles; tandis que les peuples du Midi ont le génie inventif, cultivent les beaux-arts et les sciences d'imagination.

Les Allemands, les Anglais ont reculé les bornes de la chimie, de la physique, de l'astronomie, de la philosophie, etc.; tout ce qui est abstrait, qui demande peu d'imagination, qui demande au contraire de l'aplomb et de la fixité dans les idées, a droit de les occuper exclusivement.

Les Italiens, les Espagnols, les Portugais, etc. ont l'esprit des conquêtes, des découvertes, des colonisations; il leur faut du mouvement; ils ont perfectionné la poésie, la musique, la peinture et la danse. Toutes les sciences et les arts qui demandent du mouvement, et par conséquent, des idées variées, des études peu uniformes, ont dû nécessairement leur plaire.

ERRATA.

Pag. lign.

8 19, *au lieu de* tous les corps sont commensurables ou pondérables; *lisez :* tous les corps sont commensurables et pondérables.

41 23, *au lieu de* l'eau tombe sous un état de fluide; *lisez :* l'eau tombe sous un état fluide.

TABLE.

M DCCC XXXII.

Perret, imprimeur à Lyon,

rue Saint-Dominique, n. 13.

www.ingramcontent.com/pod-product-compliance
Ingram Content Group UK Ltd.
Pitfield, Milton Keynes, MK11 3LW, UK
UKHW012103240726
13965UKWH00004B/1496

9 782013 067928